室 内 设 计 工 程 档 案

Selected Interior Design Projects

酒店空间

Hotel Space

本书编委会 编
主 编：董 君
副主编：贾 刚

中国林业出版社

图书在版编目（CIP）数据

酒店空间 / 《室内设计工程档案》编写委员会编. -- 北京：中国林业出版社, 2017.6

（室内设计工程档案）

ISBN 978-7-5038-8974-5

Ⅰ. ①酒… Ⅱ. ①室… Ⅲ. ①饭店－室内装饰设计－中国－图集 Ⅳ. ①TU247.4-64

中国版本图书馆CIP数据核字(2017)第087884号

《室内设计工程档案》编写委员会

主　编：董　君

副主编：贾　刚

丛书策划：金堂奖出版中心

特别鸣谢：《金堂奖》组委会

中国林业出版社 · 建筑分社

策划、责任编辑：纪　亮　王思源

文字编辑：袁绯玭

出版：中国林业出版社　（100009 北京西城区德内大街刘海胡同 7 号）
http://lycb.forestry.gov.cn
电话：（010）8314 3518
发行：中国林业出版社
印刷：北京利丰雅高长城印刷有限公司
版次：2017年6月第1版
印次：2017年6月第1次
开本：170mm × 240mm　1/16
印张：14
字数：150千字
定价：128.00 元

目录

CONTENTE

001/ 天雨书苑精品酒店

项目名称：丽江天雨精品酒店
项目地点：云南省丽江市
项目面积：5000 平方米
设 计 师：任清泉

建筑的艺术在于与环境丝丝入扣的相吻合，仿佛就像是诗化的语言在慢慢书写篇章。本次设计中，设计师以丽江本土纳西传统建筑元素为基础，结合现代设计手法来演绎处理，将丽江的原生态生活融入在整个设计中。

从门口到大堂需要穿过一个露天的庭院，抬头望望蓝天白云，小桥流水人家，惬意自然，这是生活，这就是原生态。一入酒店大堂，里面真是别有洞天，细致的设计让我们有种归家的舒适感觉，如母亲的怀抱暖暖的透着熟悉的馨香。天花板挂着的鸟笼灯散发出柔和的光芒，整个空间弥漫着柔柔的芬芳，大堂里的休息区、书吧等休闲区域的设计更让人感受到设计师对设计的态度与创意。拾梯缓缓而上，来到二层，餐厅包厢的设计颇具特色，通过一扇扇门窗，将外面的风景引入室内，同时增加了空间的通透感，让吃饭也变成了一场视觉盛宴。二层也为有需要的人士开辟了一个会议室方便进行办公，另外还包括了各种不同类型的客房，相信每个过往的旅人都能找到适合自己休憩的场所，客房的设计着力于营造出了一种舒适、休闲的氛围，以当地风土人情为基础，用现代手法来演绎原生态，抛弃复杂的装饰，化繁为简，一切都是如此恰到好处。三层也设置了多种套客房，细节处理更是打动人心，房间多处以纱幔为材料，通过这种软隔断，来实现空间中的互动，正所谓隔而不断，也为整个空间营造了一种令人沉醉的神秘感。

002/ 阿方索十三世酒店

项目名称：西班牙塞维利亚阿方索十三世酒店
项目地点：西班牙塞维利亚
项目面积：15000 平方米
设计团队：HBA伦敦工作室

本案为酒店翻新项目，经设计团队重新规划，庭院一半用作大堂休息区，另一半则是全天候露天餐厅。设计团队善用拱廊的自然采光，将由原本在室内的餐厅改为设在明亮的廊道上，别具风情。庭院内的家具可灵活移动，适合举办不同社交活动。风格自然的烟草色藤编材质，及钮扣钉饰座椅与四周的古董陈设非常协调，令宾客沉醉于古色古香的轻松氛围之中。

宾客亦可在全新"泰法斯餐厅暨酒吧"体验闲适的摩尔风情，于塞维利亚花园中心池畔休闲放松。餐厅位置独立于酒店主楼，将原本平淡无奇的实用性空间打造为时尚场所：餐厅设有意大利卡拉拉云石面的吧台，后面摆放了古董厚实原木及铜质酒柜，柜门表面饰以花纹华丽的石膏方格。

至于客房方面，三种迥然风格的设计分别融入塞维利亚最重要的摩尔、安达卢西亚以及卡斯蒂利亚三种文化："摩尔式客房"采用复杂精细的古典装饰线条，摆放时尚新潮的家具及各种造型优美的摆设；"安达卢西亚客房"从佛朗明哥舞蹈中汲取灵感，天花线雕刻的柔美曲线令人不禁浮想起舞裙的摇曳风姿，明艳而具有动感，并搭配细碎花纹的纺织面料的华丽皮革床头板，整体装饰女性魅力十足；"卡斯蒂利亚客房"则散发如同斗牛士在竞技场上挥舞斗篷奋战时的阳刚之气，客房采用深赭石色为主调，在其他鲜亮色彩和深色木质家具，如精心雕刻的床头板的映衬下显得更为迷人。

XIII

003/ 花迹酒店

项目名称：花迹酒店
项目地点：江苏省南京市
项目面积：1300 平方米
主案设计：余平

“花迹”坐落于南京历史街区，设计保留了原生建筑体上的“踪迹”之美；对受损部位进行文物式修复；在院落、墙头、窗台处大量植花种草，构成“花”与“迹”的主题。

酒店去掉装修式语言，不吊顶，无踢脚线，无门窗套，无消防栓门……，彻底避免物料开裂问题，让室内获得“长寿”。将室内墙体上的锐角打磨成圆角，用建筑语言来表达，简约，实用，经济。每个空间都有方便开启的窗户，阳光照进，空气流通。使用吊风扇，吐故纳新，提高空气质量。

在空间布局上，酒店呈现原建筑本真的空间尺度与优良的质感基因。酒店选旧砖、旧木、纯棉布织品等有生命属性的材料，将它们融入空间，并成为室内最终“品质”的担当者。

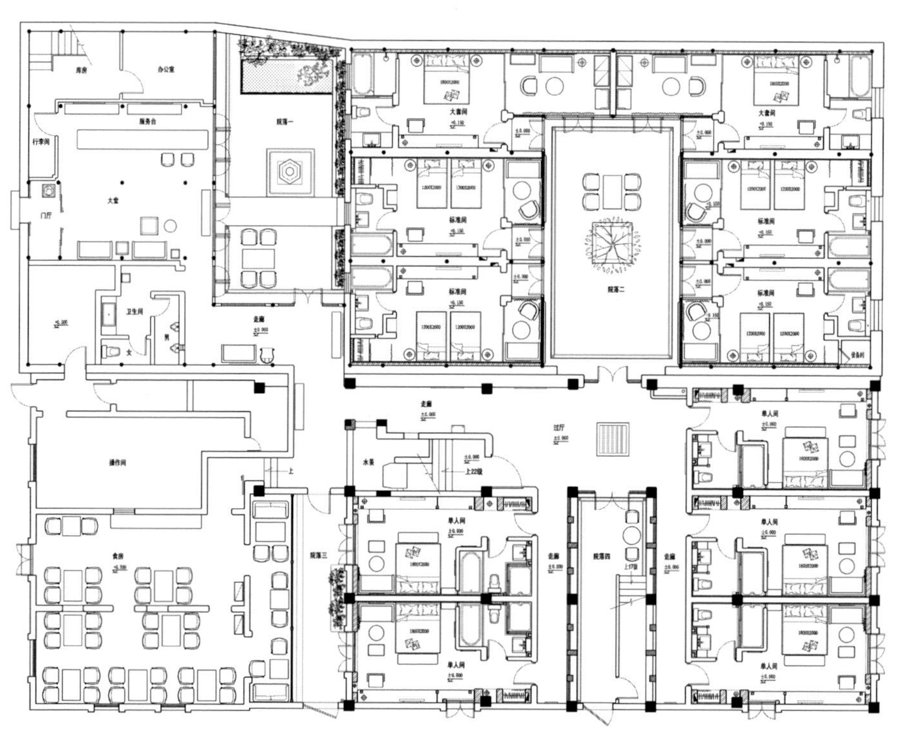
库房
办公室
服务台
行李间
大堂
门厅
院落一
卫生间
女
男
走廊
操作间
上
水景
食房
院落三
院落二
大套间
标准间
过厅
单人间
院落四

一层总平面布置图

004/ 伊斯坦堡之梦

项目名称：伊斯坦堡莱佛士酒店
项目地点：伊斯坦堡
项目面积：52300 平方米
设计机构：HBA亚特兰大办事处

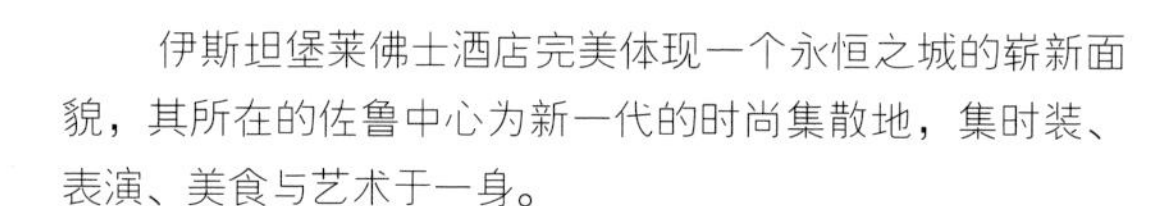

伊斯坦堡莱佛士酒店完美体现一个永恒之城的崭新面貌，其所在的佐鲁中心为新一代的时尚集散地，集时装、表演、美食与艺术于一身。

酒店位于伊斯坦堡欧洲区，尽览博斯普鲁斯海峡及王子群岛的壮阔景色。此处共设*181*间客房，包括多间城中最大的房间，全部配备落地玻璃窗和私人露台。室内环境时尚别致，摆设了大量当代艺术品，当中不少均特别委托当地艺术家设计。酒店亦具备著名的莱佛士管家服务——旨在呈献正宗的个性化莱佛士体验，现已从发源地新加坡一直延伸至全球*11*间莱佛士酒店。偌大的莱佛士水疗中心提供护肤品牌*Organic Pharmacy*的星级护理服务，而顶层泳池则坐拥醉人的城市景致。

酒店亦设有两家餐厅*Arola*及*Rocca*，前者由米芝莲星级名厨*Sergi Arola*掌勺，后者揉合地中海佳肴与土耳其色彩。三间迷人酒吧包括作家酒吧、香槟屋及*Long Bar*——在秉承其新加坡发源地风格的同时，也融入伊斯坦堡风情，是全新的社交热点。此新酒店俯瞰博斯普鲁斯海峡，可将这兼备摩登奢华元素与历史文化的大都会尽收眼底，致力向经常出游的旅客呈现永垂不朽的城市魅力，堪称时尚绿洲。

PARIS IN THE 1920s
Christian Dior

the Writers Bar

005/ 海得拉巴柏悦酒店

项目名称：海得拉巴柏悦酒店
项目地点：印度
项目面积：8000 平方米
设计团队：HBA

海得拉巴柏悦酒店是第一家位于印度城市的柏悦酒店，是这座新兴目的地城市极致豪华享受的象征。*HBA*的设计不仅融合了印度本土文化与当地装饰材料，同时还锐意创新。具有浓厚印度特色的用色、图案及布料在酒店内随处可见。印度纱丽的丝质材料及明媚色调，渗透到酒店设计的各个角落。

海得拉巴柏悦酒店有八层，富有现代气息。富丽堂皇的酒店大堂内，在潺潺流水和苍翠绿叶的环抱下，由*John Portman*打造、高达*35*英尺的抽象派洁白雕像巍然矗立。

海得拉巴柏悦酒店所有餐厅均装潢雅致，充满现代气息，酒店的星级餐厅*Tre-Forni*采用柔和的茶色色调，饰有深色抛光硬木地板以及手工雕刻的意大利瓷砖。至于正式的*Dining Room*则提供传统印度菜式，亦备有轻怡味美的海得拉巴菜，以及受欢迎的经典欧洲菜。

酒店提供凯悦独特的住宅式多功能设施，在印度独树一帜。酒店的会议场所舒适灵活，可容纳大小团体举办各类活动，其温馨亲切的氛围能为宾客带来宾至如归的感受。

006/ 帝京酒店

项目名称：香港帝京酒店
项目地点：香港
项目面积：30000 平方米
设计机构：HBA/Hirsch Bedner Associates

宾客甫一步入大堂，英式复古的传统元素即映入眼帘。以现代方式诠释英国殖民时期的圆弧形天花板结构，与时尚感十足的家具形成对比，突显当代设计与该时代的演变。

扭曲的金属及木质板条、圆角饰面及深色的金属幕墙与英式复古图案的搭配突出了怀旧的设计概念，与大堂地下时尚别致的皮椅及沙发、抢眼夺目的落地灯以及颜色深浅不一的石质地板等装饰形成型格的对比。此外，接待处旁墙上挂着的一幅正是酒店附近山谷自然景观的“植物园”抽象雕刻画，令酒店更添时尚气息。

酒店以吸引年轻一代的旅客入住作为目的。其客房极尽简约，以优雅柔和的淡褐色为主调。紫色的地毯搭配红棕色的精简图案象征着酒店的「隐世」理念，与大型黑色玻璃镜、富质感的墙身及精选木板饰面、木质书桌、椅子及床头桌形成鲜明对比。所有客房的床头桌及灯具均由*HBA*设计，且每间客房的家具经过精心挑选。浴室以玻璃屏相隔，从而巧妙地拓展了室内的视觉空间。浴室方面更营造出奢华贵气之感，用料包括高级的黑色云石及定制金属制品及悬挂于天花板上的浴巾架。另外，英伦复古风的经典圆角设计则始终贯穿于梳妆镜、洗面台及天花板的设计中。

LION ROCK

007/ 铂尔曼酒店

项目名称：潍坊万达铂尔曼酒店
项目地点：山东省潍坊市
项目面积：50000 平方米
设 计 师：姜峰

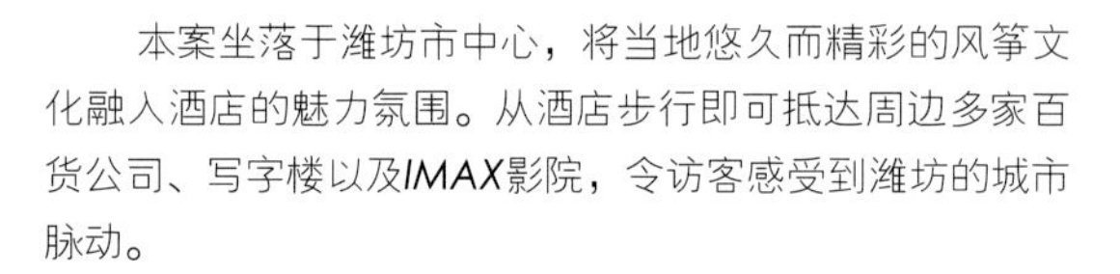

本案坐落于潍坊市中心，将当地悠久而精彩的风筝文化融入酒店的魅力氛围。从酒店步行即可抵达周边多家百货公司、写字楼以及*IMAX*影院，令访客感受到潍坊的城市脉动。

设计师为了让本案的宾客产生与当地文化紧密相连的亲切感，为了让潍坊铂尔曼酒店实现这一愿景，精心打造出一个拥有独特个性的酒店。让地域文化与铂尔曼精神兼收并蓄，水乳交融，遍布酒店的每一个空间。该酒店以风筝为设计主线 并以当地建筑画和市花等为副线作为点睛。设计中萃取风筝的主要特点，抽象解构成点、线、面的形式，融合现代的设计表现手法和材质，风筝、建筑画、市花等与空间有着完美的结合，空间中元素各具特点，又恰到好处的相互映衬。整体设计将酒店文化提升到一个新的高度。

艺术源于生活而高于生活，潍坊铂尔曼酒店坐落于山东省潍坊市，“草长莺飞二月天，拂堤杨柳醉春烟。儿童散学归来早，忙趁东风放纸鸳”正是这种艺术的生活方式之一 ，潍坊又称潍都，鸢都，制作风筝历史悠久，工艺精湛，潍坊独特的季风气候，孕育了独特的风筝文化，成就了“风筝之都”在国际上的地位。潍坊风筝是山东潍坊传统手工艺珍品，民间传统节日文化习俗，风筝产生于人们的娱乐活动，寄托着人们的理想和愿望，与人们生活有着密切的联系，而这些代表城市文化历史的素材正成了*J&A*设计的灵感之一。

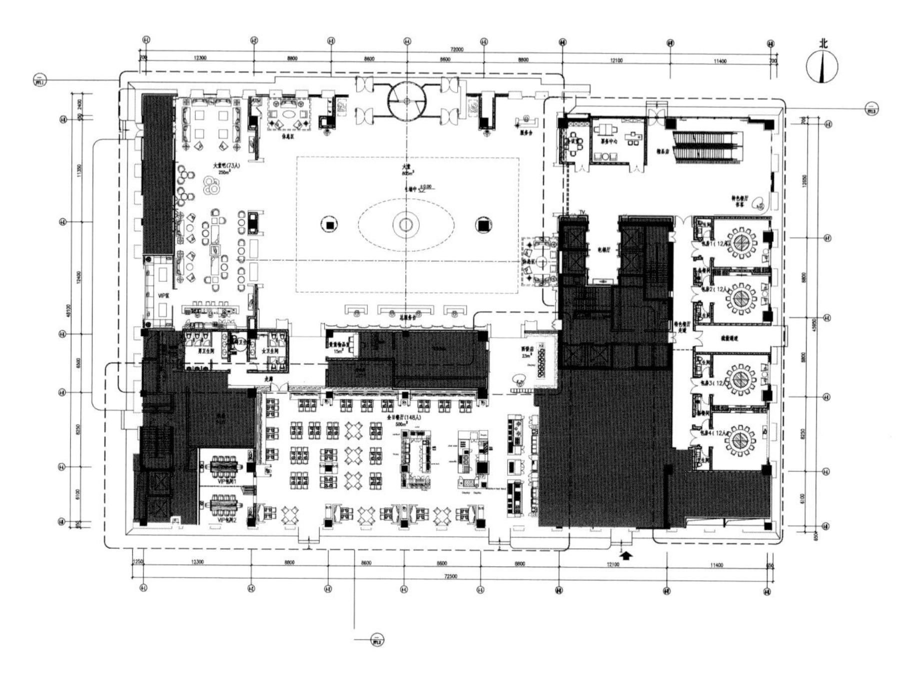

一层总平面布置图

008/ 雅兰酒店

项目名称：深圳雅兰酒店
项目地点：广东省深圳市
项目面积：21460平方米
设 计 师：刘红蕾

本案位于深圳的东部黄金海岸大梅沙海滨，是集旅游、休闲、商务会议于一体的综合型度假酒店。通过简约、纯粹的空间营造置身自然之美的惬意，令客人得到放松、愉悦的难忘体验。

在盈白简洁的场域里，藉由木纹与光影，构筑大堂共享空间的主体线条。项目充分调动阳光与空间内部的颜色互动，使得空间内随着时间的推移变幻出不同的表情，窗外艳阳穿透白色纱帘，洒落在墙壁与地面之间，随着时序推演，不同倾角的光影线条，交错出大自然的抽象画作。

在中庭与西餐厅衔接处，创造出如竹林般的天然屏风，生动的犹如海洋生物般的灯具点亮了这片竹林，既能适当地遮挡过往人群的视线，又能将餐厅内优雅、轻松的氛围巧妙地流露出去。西餐厅的色彩组合汲取了大自然的造物灵感，让整个以“自然海洋”的主题风格更加形象化。大堂中庭莹白、简洁的碗状“鸟巢”形式与波浪的建筑空间形态浑然一体，纯净而独特，带给中庭别样的视觉亮点。

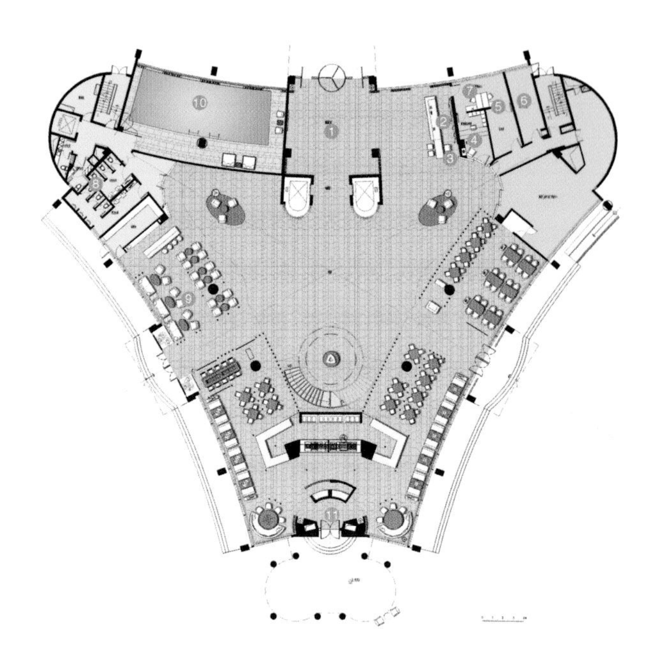

平面布置图

009/ 西溪宾馆

项目名称：杭州西溪宾馆室内设计
项目地点：浙江省杭州市
项目面积：15000平方米
设 计 师：陈涛

本案位于杭州知名的西溪湿地景区，远离城市的喧嚣，融合自然的高档度假酒店。

以西溪湿地独有的柿子园为设计灵感，提取柿子花为设计元素，公区的大堂、全日餐厅、会议区、中餐厅全部以春夏秋冬的概念进行设计，通过色彩、用材的搭配，建立各空间的独有个性。室内外空间相互渗透，借用天然景观作为室内设计的补充升华。

选材崇尚自然、环保，从材料的本质及所展现的柔和色彩，均为入住者带来宁静舒适、亲近自然的度假体验。

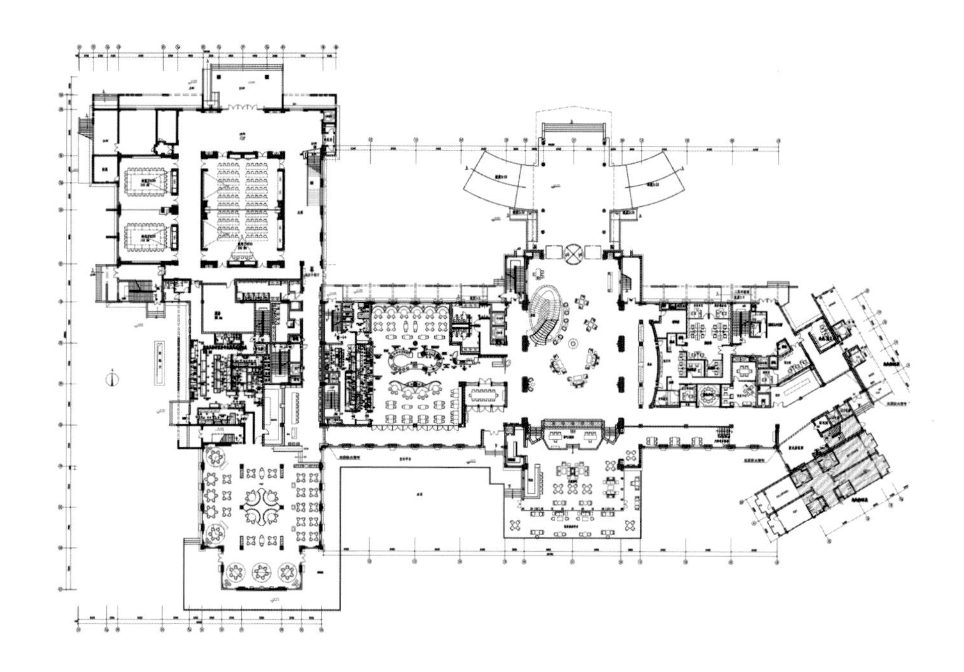

平面布置图

010/ 城市酒店

项目名称：深圳城市酒店
项目地点：广东省深圳市龙华新区梅板大道
项目面积：22446平方米
设 计 师：黄治奇

本酒店设计师采用中国民族传统文化——汉字为元素，从将其拆分重组到活字印刷以及图章等各式形态，运用极简现代艺术的设计手法，将文字巧妙融入酒店每个空间，既保留了浑厚的中国韵味，又摒弃了传统的古老与死板，让客人处处都能体验到浓厚的文化气息，从而达到“人”“文”合一之境。点缀于各个空间的中式图案令整个空间弥漫着优雅、宁静的文化气息，置处其中，恍若超脱凡尘，烦恼消失无踪，带出一抹我独我的欢喜，让人流连忘返。

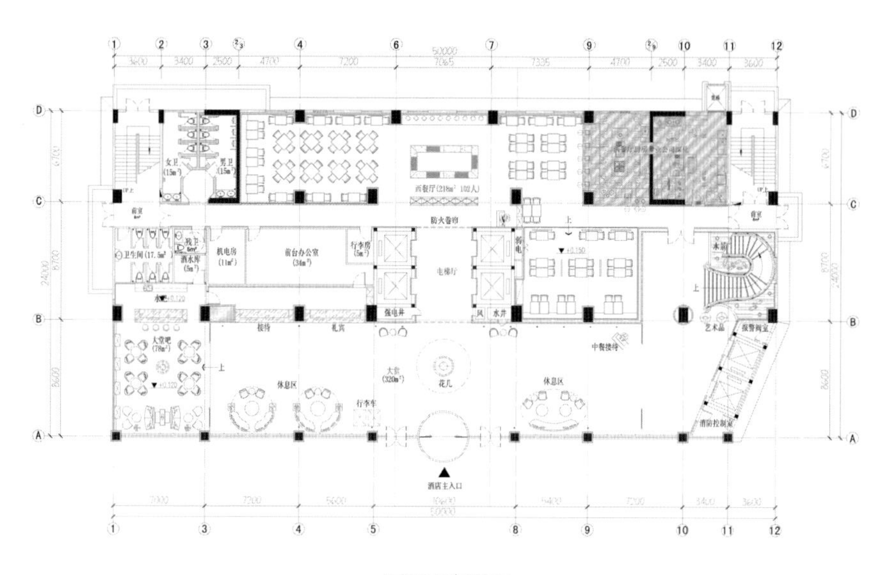
女卫
(15m²)
男卫
(15m²)
西餐厅(218m² 102人)
前室
防火卷帘
卫生间(17.5m²)
酒水库
(5m²)
机电房
(11m²)
前台办公室
(34m²)
行李房
(5m²)
电梯厅
水景
强电井
风
水井
大堂吧
(78m²)
接待
礼宾
中餐接待
艺术品
报警阀室
休息区
大堂
(320m²)
花几
行李车
消防控制室
酒店主入口

一层平面布置图

四月十一日初食荔枝
宋 苏轼
南村诸杨北村卢，（谓杨梅、卢橘也
。）白花青叶冬不枯。
垂黄缀紫烟雨里，特与荔枝为先
海山仙人绛罗襦，红纱中单白玉肤
不须更待妃子笑，风骨自是倾城姝
不知天公有意无，遣此尤物生海隅
云山得伴松桧老，霜雪自困楂梨
先生洗盏酌桂醑，冰盘荐此赪虬珠
似闻江鳐斫玉柱，更洗河豚烹腹腴
（予尝谓荔枝厚味高格两绝，果中无比
惟江鳐柱、河豚鱼近之耳。）
我生涉世本为口，一官久已轻
人间何者非梦幻，南来万里真

011/ 艾迪花园精品酒店

项目名称：无锡艾迪花园精品酒店
项目地点：江苏省无锡市
项目面积：16000平方米
设 计 师：吕邵苍

本案以“品牌，时尚，特色，科技”为主要设计思路，着重突出自然 、艺术、独特、体验，将酒店定位于设计型精品酒店。项目通过独特的设计来冲击人们的感官，带来一种全新、奇异与美妙的体验。

在设计手法上，各种转折形功能“声锁”，动线多变，聚强烈体验感，例如：镜面电视的大量给住店客人带来了全新的感官体验。

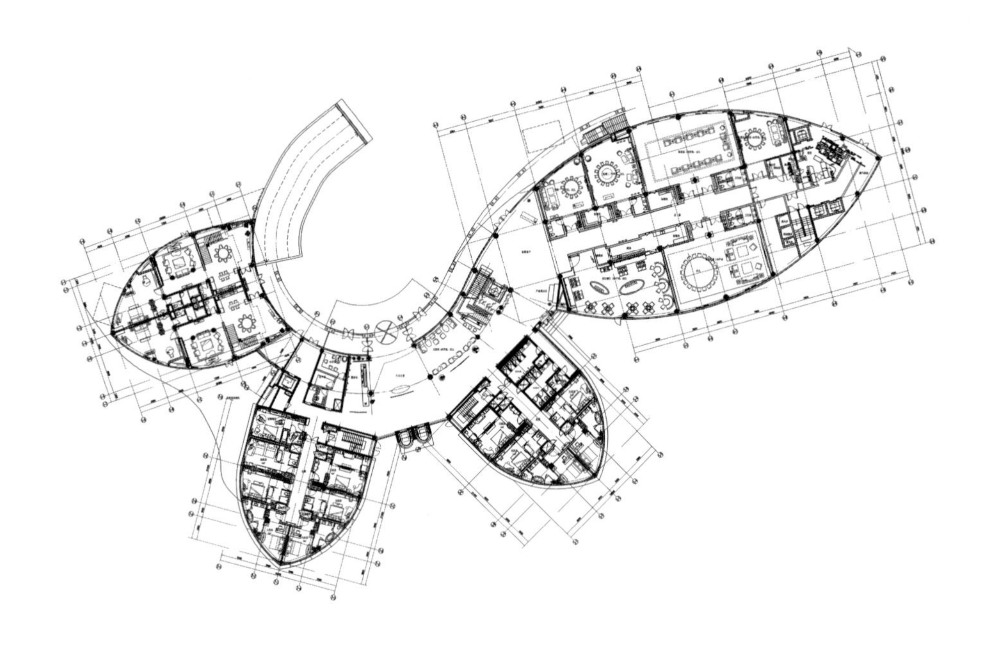

一层平面布置图

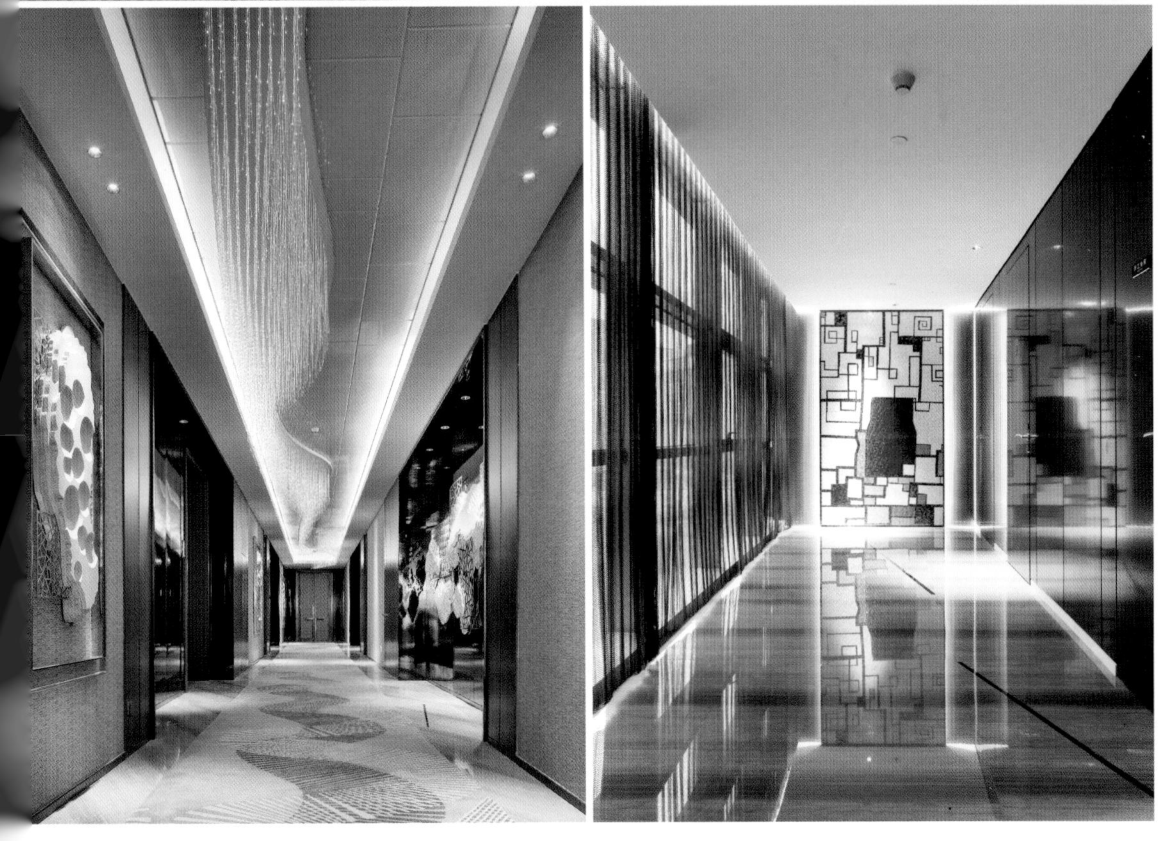

012/ 万达嘉华酒店

项目名称：济宁万达嘉华酒店
项目地点：山东省济宁市
项目面积：42000平方米
设 计 师：姜峰

作为孔子文化的发源地，济宁在世界文明发展史上起着举足轻重的作用。在项目设计上，设计师提取了特色的济宁文化，与万达嘉华酒店品牌相结合，融合运河文化等设计元素，展示出济宁丰厚的历史文化底蕴，让客人休憩之余体验别样的文化之旅。酒店共设各式豪华客房280套，全新定义的全日餐厅、极具中国典雅韵味的品珍中餐厅和时尚惬意的大堂酒廊邀您共品精致佳肴。

采用现代、舒适、简洁的设计理念，运用孔子六艺（礼、乐、射、御、书、数）、运河文化抽象写意水墨的艺术形式，以现代手法融入空间设计之中，营造出现代简洁的儒家韵味。

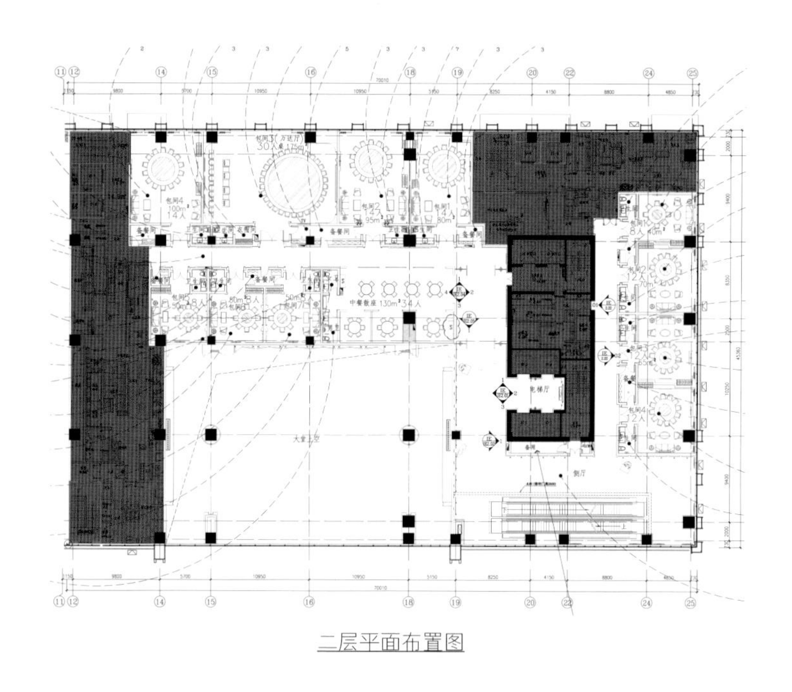

二层平面布置图

曰學而時習
之不亦悦乎

013/ 东方建国饭店

项目名称：济源东方建国饭店
项目地点：河南省济源市
项目面积：40000平方米
设 计 师：孙华锋

“旧日东方风采，今朝建国绽放”，设计师通过济源这个山水城市所独有的地方人文特色赋予作品中国传统之美与现代典雅风格。

在空间划分方面，依照建筑的柔美形态，自然地形成地面的弧形分割。合理的动线设计与科学的人流组织，让这个长龙般的建筑活跃起来。入口处运用高大的落地玻璃隔断，实现酒店内与外的空间转换，让身处室内的人拥有开朗宽阔的视野。

在材质的运用上，大堂主背景墙是沿弧线竖起的一块块木板，象征着层峦叠嶂的山峰。地面是大片的天然石材，石材的纹理一波连着一波，象征着源源流过的济水。两侧近10米高的木质传统雕花屏风，既保证了二层中餐区的私密性，同时贯穿着两层空间的高度，如同一双巨掌，托起中间的两道祥云。

餐厅的墙面绘着水墨画，山川河岳与亭台楼阁，尽收眼底，繁华的大唐盛世，令人心驰神往。房间内则是一派典雅宁静，两三枝梅影落在地上，似有暗香浮动。高端的客房配置，极致的感官体验，让人宾至如归。各具特色的中餐厅、全日制餐厅、大堂茶吧提供各种丰盛美食。饭店还拥有不同类型的会议及宴会场地，装潢典雅、气度非凡，提供个性化的优质服务。祥瑞优雅的环境，愉悦舒心的居住体验。处饭店高楼俯瞰山水济源，视野开阔，可一目一画，一处一景，陶醉其中。

SMART

014/ 回酒店

项目名称：深圳回酒店
项目地点：广东省深圳市
项目面积：8800平方米
设 计 师：杨邦胜

区别于五星级酒店的高档奢华，回酒店更注重文化的提炼与营造，以及人在空间体验的舒适感。所以将旧厂房进行改造时，酒店客房与公共空间都有足够宽敞的使用面积，同时将原本破旧的外立面改造成几何体块凸窗，形成错落有致的动感组合，成为当地亮丽的风景。

回酒店的中餐定名为“粤色”，意在挖掘最广东的新概念中餐，天花使用木梁结构处理，极具岭南建筑特色，而中华宝贵的文化遗产——算盘被设计师巧妙的运用在设计当中，通过创意组合取代传统中式屏风，分隔了空间又让空间有了疏密有致的关联。在酒店顶层，设计师特意将中国古代民居的传统院落搬进酒店，打造了一个下沉式内庭院，营造出一个都市的静谧之地。

酒店整体设计以新东方文化元素为主，并通过中西组合的家具、陈设以及中国当代艺术品的巧妙装饰，呈现出静谧自然的中国东方美学气质。空间中一步一景，鲜活翠绿的墙面绿植、精心挑选的黑松、低调简单的哑光石材、波光粼粼的顶楼水面、质朴自然的木面材料……将自然界神秘悠远的天地灵气带到酒店空间中，让人仿若置身旷阔林间。

015/ 竹别墅

项目名称：南昆山十字水生态度假村 · 竹别墅
项目地点：广东省龙门县
项目面积：1248平方米
设 计 师：彭征

十字水生态度假村是美国国家地理杂志推介的全球五十大生态度假村之一，也是国内生态旅游发展的模范，不仅做到生态环保，而且是高品位、舒适的度假胜地。

八栋竹别墅半隐于山畔溪边、翠绿深处，它们如同竹林中的八位贤士，有幽幽花香、啾啾鸟鸣相伴，可沐温润之汤泉，可观万千之气象，让人们无不感受到它们那种低调内敛的悠然气质和“源于自然，归于自然”的简素之美。竹别墅室内外以客家民居为灵感，采取吊脚楼与天井院落相结合的空间布局，干湿分区，前半部分吊脚楼为客房和观景阳台，后半部分天井式院落为湿区，其中有露天温泉池和户外平台。

南昆山的竹资源为我们提供了得天独厚的建造材料，从建筑到室内，竹子成为了构造和装饰的重要元素。我们还从当地的民居中吸取灵感，在当地请来了会制作夯土墙的工匠，为我们的建筑后院垒砌土墙，这种近乎失传的民间建筑的构造方式。屋面的瓦顶采用的是当地民居拆迁的回收瓦，土墙红瓦的搭配充分体现了建筑作为一种地域文化的表达与传承。

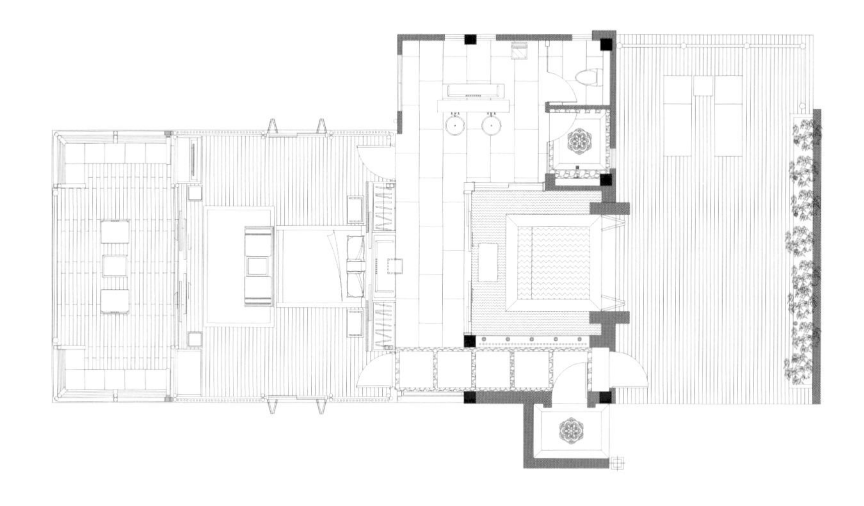

平面布置图

016/ 海之韵·度假酒店

项目名称：海之韵——保利银滩海王星度假酒店
项目地点：广东省阳江市
项目面积：2280平方米
设 计 师：何永明

本项目位于阳江，旅游资源十分丰富，山海兼优。独特的自然景观，悠久的历史和多姿多彩的地方风情，具有很大的开发潜力。本项目四周环海的条件让整个设计将海的元素以及灵魂延伸到整个室内空间。设计本身希望将自然风光尽可能多的引入室内，借由借景的手法让整个空间充满活力，一些水元素的应用让空间沉稳中带有一丝丝清凉，如沐浴在海风之中。如天花上的吊灯好似鱼儿吐出的一串串泡泡，在欢快的游来游去，为空间平添几分雅趣，也仿佛让你置身在宽阔的大海，得到身与心的放松。

空间布局遵循着建筑的走向，顺势而为，对称的建筑布局沉稳大气，宽敞的大堂能够让到访者放松心情，贵宾区向两边延展，贵宾区平面布局采用中国传统园林以及日本枯山水的表现手法，将整个空间打造成度假休闲、高端有品质感的接待中心和度假酒店。

整体空间色调沉稳，浅蓝色家具搭配硬装的暖灰色调，使整个空间氛围舒适而宁静。生态木的质朴结合大理石的刚毅，使画面大气之余更显端重，在整个沉稳的气氛中处处流露自然的气息。略带中式韵味的家具与饰品，更突出空间的独特品味。

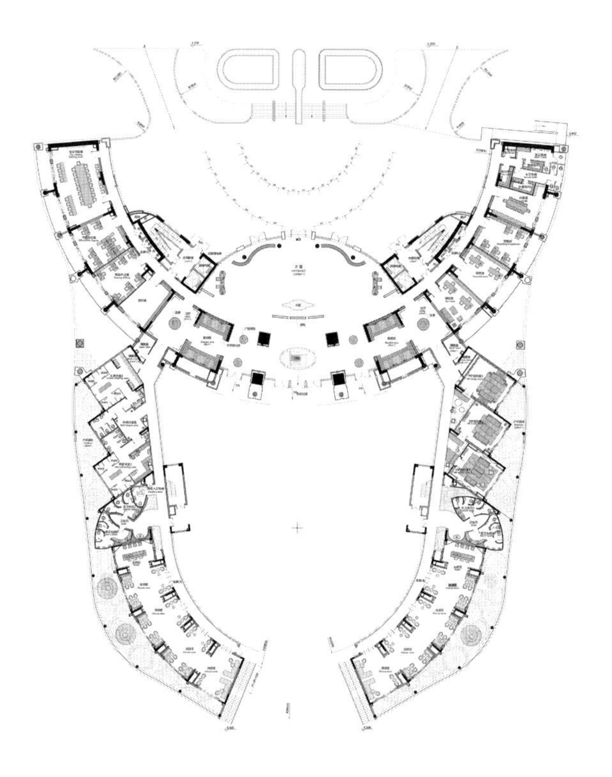

平面布置图

017/ 溪山温泉度假酒店

项目名称：贵安溪山温泉度假酒店
项目地点：福建省福州市
项目面积：104000平方米
设 计 师：何华武

贵安溪山温泉度假酒店为临江退台式建筑。酒店整体设计风格秉承中国汉唐宫廷传统，气势恢宏。中性的色彩、简约的造型、巨型的体量、古朴的质感，渗透着中国古典文化的气节与儒雅的风尚。

大堂的空间格局颇具汉唐宫廷的皇家仪式感，黑色巨型圆柱分立两侧，右侧水景结合接待前台，形成独特的室内空间格局，让大堂颇有休闲度假的情趣，两侧的休息空间，隐在柱后，放置现代西式沙发，沙发的样式单纯简洁，再如此中式的“宫廷大殿”中将现代的室内空间功能完美地结合起来。酒店坐拥216间客房，为不同旅客提供各异的客房空间布置与装饰效果。我们力求体现新中式风格的恢宏大气、雍容华贵和对称美，让人感受到度假酒店的舒适与安逸，享受一份远离城市喧嚣的宁静。

软装饰用色以淡雅为主，空间色调统一，装修选材以浅灰色为统一色调，以体现高品质。舒适的客房空间、家居化的家具陈设，使客人体会到一种浓厚的“家”的感觉，拨动着另一种“爱”的琴弦。

设计借用中国建筑中传统的符号及元素、色彩将其夸张并强烈效果化。最终融合了时尚与古典，材质与环境的相互呼应，呈现了去芜存菁的精神，重塑出一种度假酒店的崭新形象，大量使用的环保材料，更是使度假酒店的舒适感得到升华。通过传统建筑语汇的提炼以表达空间的时尚，通过陈设艺术的巧妙点缀，以彰显度假酒店的舒适生活。强调现代中式的气脉，室内外浑然一体，强调空间的相互渗透及使用上的有机灵活。让客人体验到如“家”的亲切感。

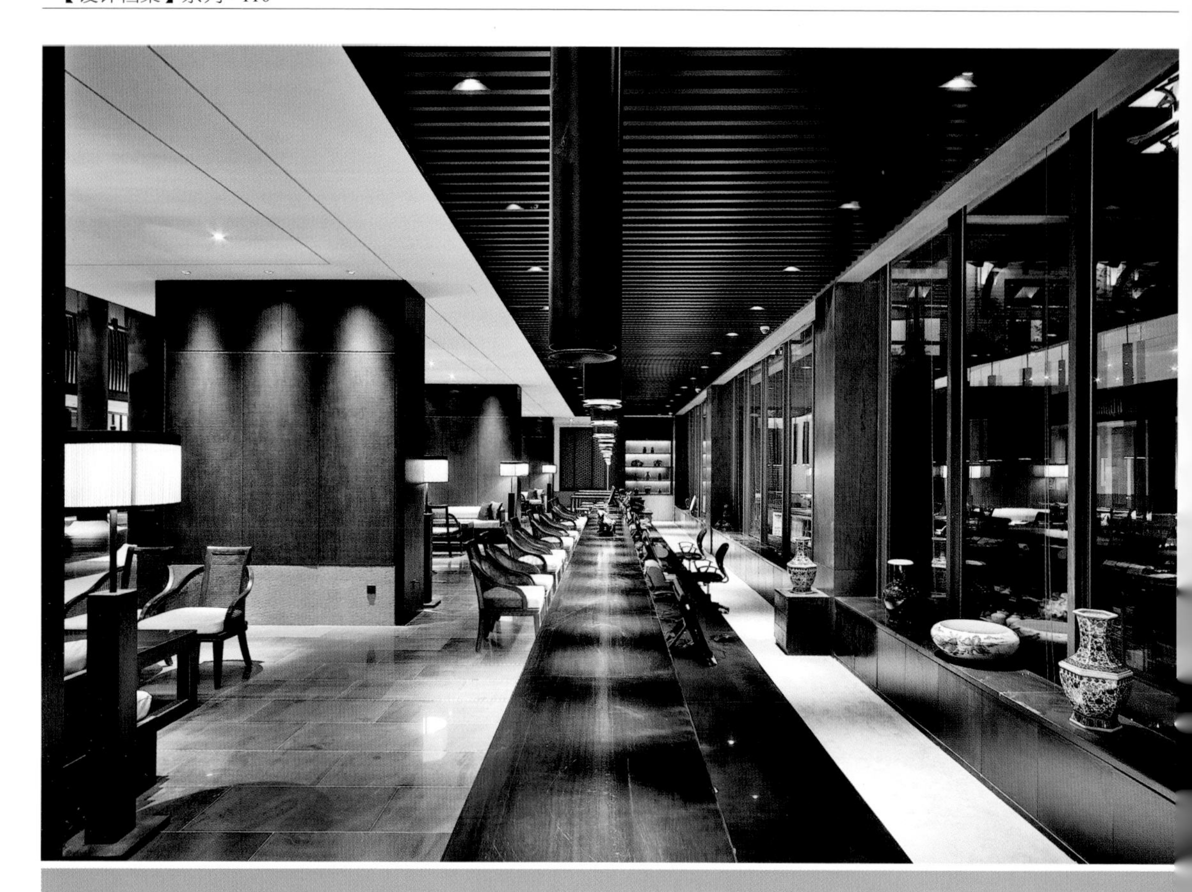

018/ 如意阁

项目名称：普陀山佛教文化交流中心——如意阁
项目地点：浙江省舟山市
项目面积：7900平方米
设 计 师：阮菲

“如意阁”实为旅社。几尽消逝的“旅社”二字被追述回归，或许是营建团队对以“宾馆”“酒店”类名词的甚解。摈弃“酒店”的称呼在于考量商业化载体之外的收获，设计团队承载了文化阐释的职责，发自于国土的荣耀，参与国际化“酒店”主题的探讨，非常满足。

旅社得名“如易”，“如”永恒存在的真如，“易”无相变转，大意范广，旨在佛学给予的开释。是一个引发感悟与富含包容心的场所。综观全景，旅社不出现一尊佛造像，用意在于深入人心，目视不如观心，由心则开怀。综观全景，旅社不出现一处臆造之材，用木、石、土、竹、麻、纸、丝等材原的本身来诠释静止的本来。综观全景，旅社不出现一方浮华宫阙，人人自然出入，平等往来，祥和共养。

观景造园，创作理念依偎环境所给予的感悟，分享于众人。是文化圣地透出气息的融化。如易之阁，六道流转之担当行愿，世出世入生活禅修之家园旅舍也。如易之阁，诚供十八境趣，随缘欢喜，息心转境。或曰：放心一处、龙象尚书、曲成平桥、菩提灯堂、牧归禅林，感应万方……随缘可转可悟也！如易之阁，敬奉十八禅事，或曰：食善居、珠盘斋、一宿觉、一叶轩、上医房、不器坊……契机可修可正也。

金剛經

019/ 朱家角锦江酒店

项目名称：中信泰富朱家角锦江酒店
项目地点：上海市西郊淀山湖畔朱家角古镇
项目面积：40430平方米
设 计 师：徐婕媛

中信泰富朱家角锦江酒店位处朱家角古镇，作为千年文脉滋养古镇的朱家角，位于上海西郊淀山湖畔，是上海周边家庭出游、商务洽谈的首选之地。可充分迎合上海周边休闲度假及高端商务活动场所的需求，致力成为朱家角地区高端配套新地标。室内设计延续建筑的设计理念，在建筑营造的景框里面，以中国传统水墨画卷为主题，让室内以中国水墨画的意境展现在建筑的画框里。

根据酒店不同的功能区域，提取水墨画的绘画特点，以“泼墨、写意、工笔”为各区域设计手法。在大堂区域以“泼墨”为主线，表达公共区域洒脱、豪放、淳化的气质；会议区及休闲区以“写意”为主题，表达其气韵生动、应物象形、随类赋彩的气质；客房区以“工笔”为主题，表达客房区雅致、考密、精细的设计理念。

在材料运用上，采用意大利木纹石、青砖、铜、柚木等体现江南水墨感觉的材料，通过对传统装饰纹样的抽象简化以及本土化材料的解析运用，将中式设计理念融入各功能空间，揉古释今，化凡为雅，营造出极具中式情怀，并富有现代气息的酒店空间。

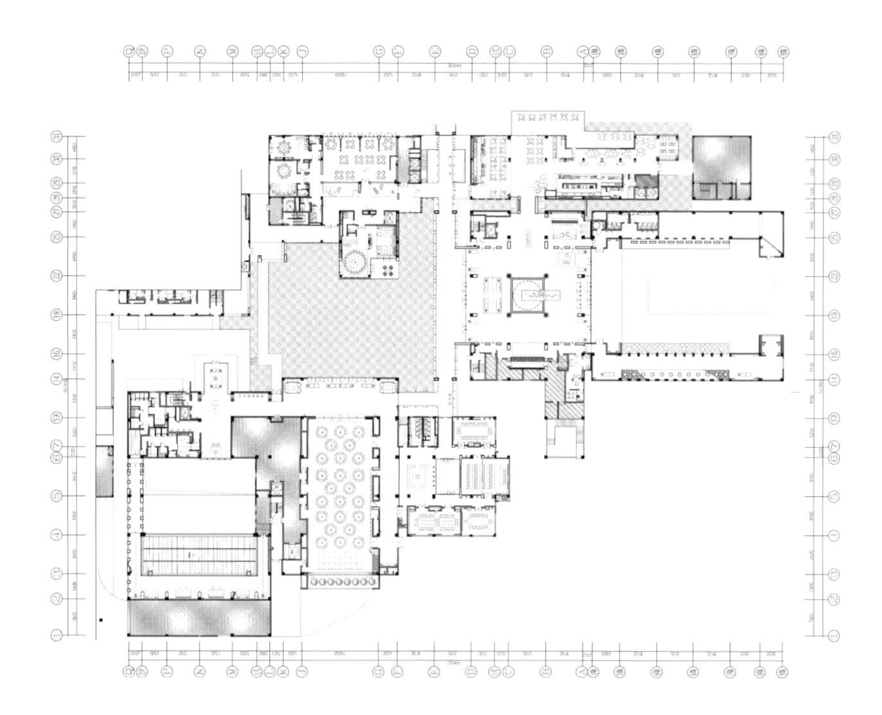

平面布置图

中信泰富朱家角锦江酒店
CITIC PACIFIC ZHUJIAJIAO
JIN JIANG HOTEL

020/ 日松贡布酒店

项目名称：稻城亚丁日松贡布酒店
项目地点：四川省甘孜藏族自治州
项目面积：20000平方米
设 计 师：张敏

酒店位于被国际友人誉为“蓝色星球上最后一片净土”的稻城亚丁。酒店软装主题以崇尚藏族文化的“自然，文化，艺术，宗教”为理念，以民俗民风、文化艺术、藏族图案、服饰等为设计元素，以“五色风马旗”其中的红色为点缀色调，致力于提供“温馨、生态、舒适”的入住体验。同时，酒店客房设计以独特的装饰品味和舒适为理念，在原生态中寻觅现代居住感觉，让客人既享受美景又体会家的舒适。

此项目我们软装整体设计的宗旨是要让细节成为传承藏文化的一个窗口，一个典型。藏族文化为点缀，每个艺术装饰品的故事都能带您进入神奇的藏文化世界，揭开藏族文化的面纱。让莅临本酒店的各界人士，在此洗去心灵的障碍和现实的浮华，回归宁静。

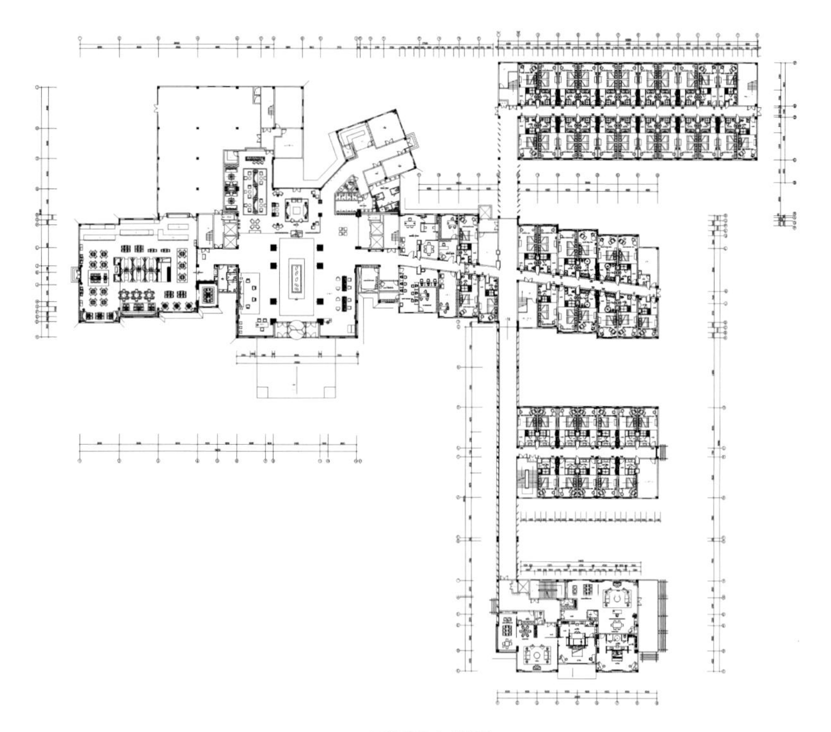

一层平面布置图

021/ 舒隅酒店

项目名称：无锡舒隅酒店
项目地点：江苏省无锡市
项目面积：6900平方米
设 计 师：林斌

本案设计理念为传承本地建筑文化和人文精神，是一家结合当代表现手法与自然与人的设计思路，传达一种禅意自然的茶文化设计型精品酒店。本案将清静、悠闲的饮茶文化与商务文化结合，大胆将“回归自然”的理念融入酒店设计中，将城市中心的繁华喧闹与传统的静谧、写意和极致舒适、私密融为一体。

118间精品客房以简约日式风格为主，呈现天然返璞归真的视觉基调，打造自然舒心的休憩空间。十二楼坐拥800平方米的茶会所，集看书、喝茶、小聚、会议与一体，诚心打造茶主题复合空间。

大量木材的运用，使人领略犹如置身山林的舒适和愉悦，让人感受在山间一样自由地呼吸。

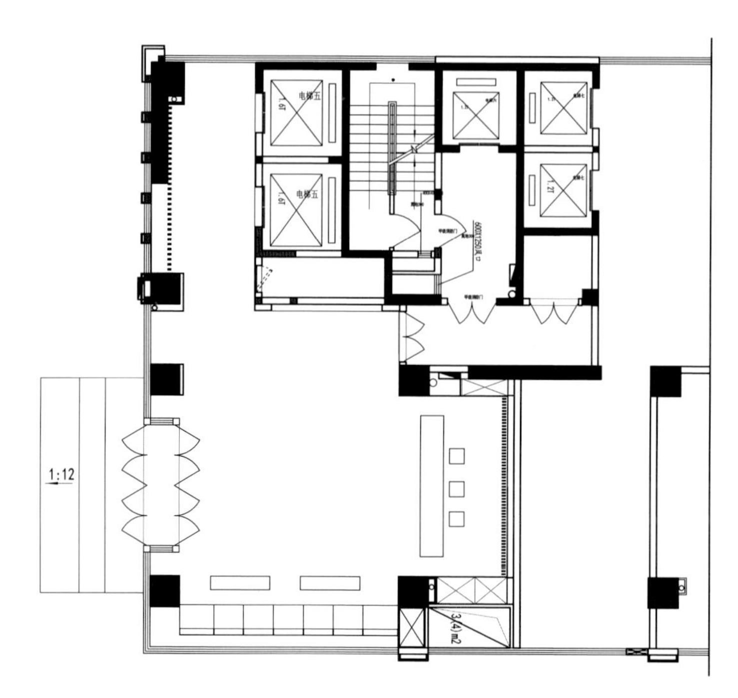

一层平面布置图

Business Center

022/ 费尔顿凯莱大酒店

项目名称：成都温江费尔顿凯莱大酒店
项目地点：四川省成都市
项目面积：16033平方米
设 计 师：刘波

项目位于成都温江光华大道西侧江安河围绕的江心岛上，占地约16000平方米，与城区商业中心及花博会主题馆相邻，紧靠城市公园。此项目用地地势平整，并有天然温泉泉眼，与江安河相伴，地理位置优越，城市配套措施齐全。整体建筑以“花卉，风帆”为主题，同时充分考虑现代、文化与科技，把客观的“境”与主观的“意”有机结合，体现优良的建筑艺术与文化特性，使酒店成为温江地区标志性建筑之一。

酒店空间设计从整体的功能布局到室内的细节装饰，通过中式元素的现代手法运用，体现商务酒店的沉稳和丰富的文化内蕴。对于高质量生活要求者酒店不仅满足短暂栖息的功能，同时在劳顿的旅途中找到能带给他们与众不同的感受，以享用优美、独特的环境为快，而且体现一种新生活的方式。以往被标准化的细节都会被重新设计，并赋予新的个性和情感。在室内的装修上，遵循星级酒店的标准的同时，充分深入研究酒店目标客户群体的消费要求、消费心理及消费习惯，大胆创新、精细设计，营造出格调高贵、温馨舒适、品位高雅的星级酒店。在室内色彩上，运用和谐统一的温润色系，棕色、金色、暖黄，点缀以沉重的亮蓝、深红，并搭配以空间布局中的软装配置及装饰应用，和谐融洽地突出了酒店舒适、优雅的整体氛围。在界面处理手法上整体统一，既延伸空间同时又将材质的天然质感表现出来，注重大空间大块面小细节的设计，不仅使空间视觉效果具有强烈的张力，而且满足商业空间需求，营造轻松舒适的环境氛围。

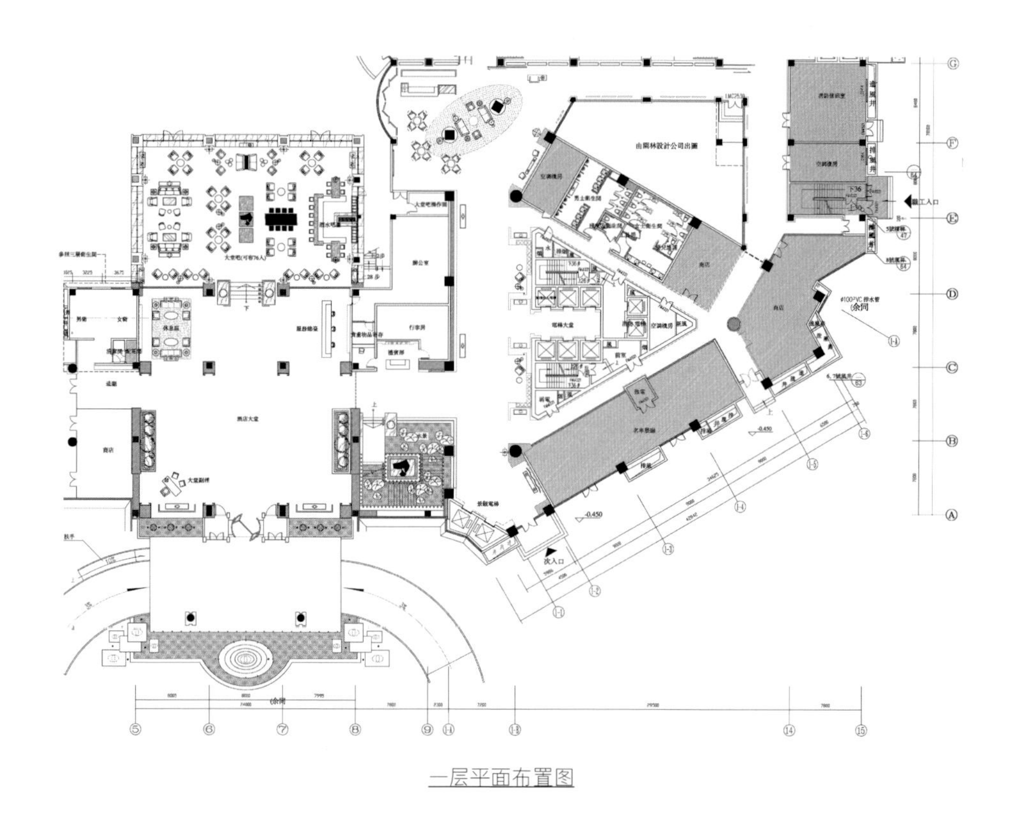

一层平面布置图

023/ 深航国际酒店

项目名称：深航国际酒店
项目地点：贵州省遵义市
项目面积：1500平方米
设 计 师：陈羽

“天地之间、深情之际”深航国际酒店是具有中国特色主题文化酒店的领航者，遵义深航国际酒店定位为当地五星酒店，在遵义市可以算是排在前面。

整个酒店设计风格定位是现代中式，设计希望传达具有中国特色的文化酒店，大量地运用了中国国画的手法和韵律，并结合了中国式园林的一些方式如：借景、框景、对景等等，力求使空间都充满谈谈的书香气息。

1908

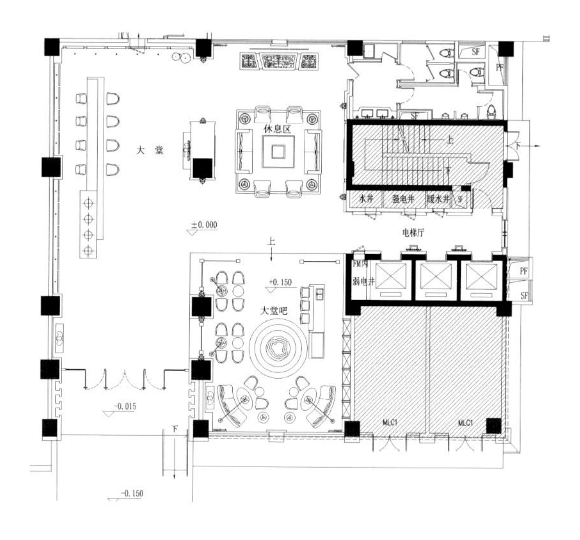

一层平面布置图

024/ 寿州大饭店

项目名称：北京寿州大饭店
项目地点：北京西客站中土大厦
项目面积：16000平方米
设 计 师：许建国

寿州，古为楚国国都，三国时为魏地，已是十余万人的重镇，自晋以后到唐宋，以繁华著称于世，所谓“扬（州）寿（州）皆为重镇”。这座位于安徽中部的古城今称寿县，*1986*年被列为国家历史文化名城，建于宋代的古城墙至今保存相对完好。位于北京的“寿州大饭店”就是以这个历史悠久的古城为主题所建，淮河之南的古城风貌一路北上，经设计师巧手提炼，在现代的北京演绎出了别样韵味。灿烂的往昔已逝，但仅仅是历史的余光也足以让我们驻足。饭店的墙上挂着许多古城的老照片，是设计师专门请摄影师去寿县拍摄的，许多美丽角落凝聚成黑白影像，引人遐想。素雅古朴的青砖被运用在空间的很多地方，仿佛带人回到过去那个小桥流水的时代。和寻常的实际不同的是，设计师也将青砖置于了客房内。设计师希望通过这样直观的手段让来此居住的人感受到中式传统的意蕴，因为古人就生活在这青砖小瓦造就的空间中。

建筑层高较低，在地下一层和一层公共区域中，设计师安置了树根贯穿两层的柱子，提升了视觉高度，同时这种传统安徽民居形式的柱子又成了鲜明的标志。在取传统上“形”的同时，设计师运用了现代材质来造其“实”，黑色的圆形柱础与米色柱身皆为大理石材质，现代的质感结合传统的形式构成独特的效果。同样的意象在餐厅区的寿州厅也有体现，但在这里设计师又对它进行了变形，用另一种形式来表达他对寿州文化的理解。包括柱础柱身在内的安徽民族木结构框架在简化后被整体置入室内，既是背景又是“符号”，与原木的明式圈椅、方桌搭配，并不突兀，反而更加抢眼。

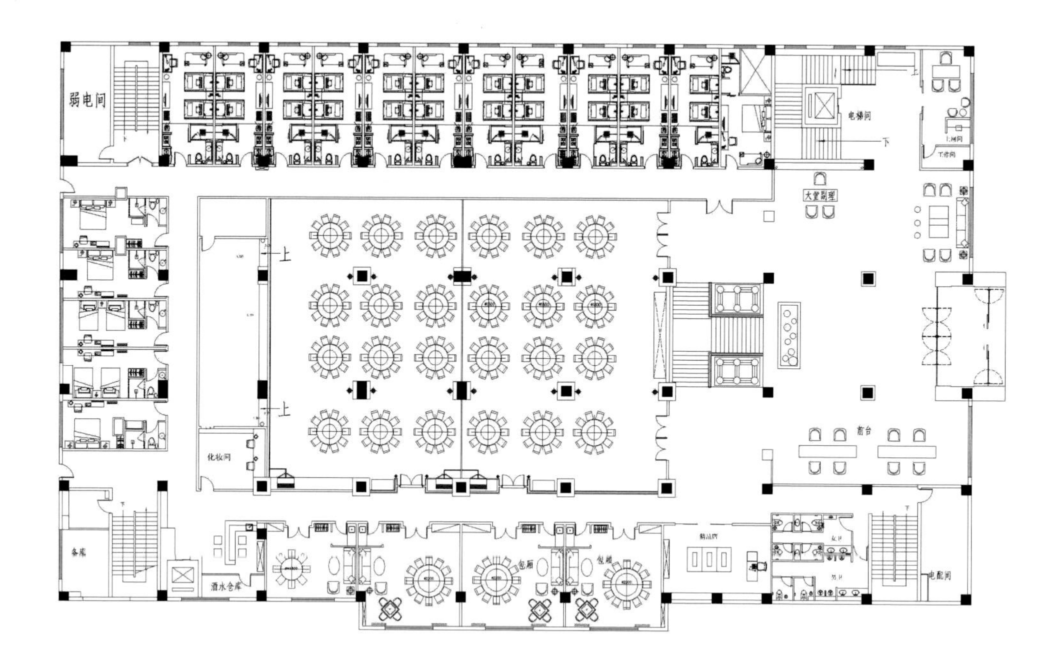

一层平面布置图

025/ 俊怿酒店

项目名称：重庆俊怿酒店
项目地点：重庆市渝中区
项目面积：25000平方米
设 计 师：白荣果

本案既达到了一所五星级度假酒店的高品质标准，又作为当地金佛山地区大山文化、森林文化的载体，给予客户独特的入住体验。项目在环境风格上的设计创新点：①酒店定位为新自然主义风格，希望适度有别于当下流行的东南亚、新亚洲等酒店设计风格；②室内设计中强调形式符号的提炼运用，推演出一片树叶、一座森林、一所酒店的设计核心理念；③在室内陈设配套上，更注重地域文化的挖掘与传达。

项目在空间布局上的设计创新点：①注重空间与功能的有机结合、合理布局；②注重空间的开与合、藏于露、大与小的对比关系。在设计选材上，大量采用自然主义风格材料的艺术化使用——讲究材质的肌理与色彩构成，例如当地材料（如竹、木、藤、石等）的创新使用。

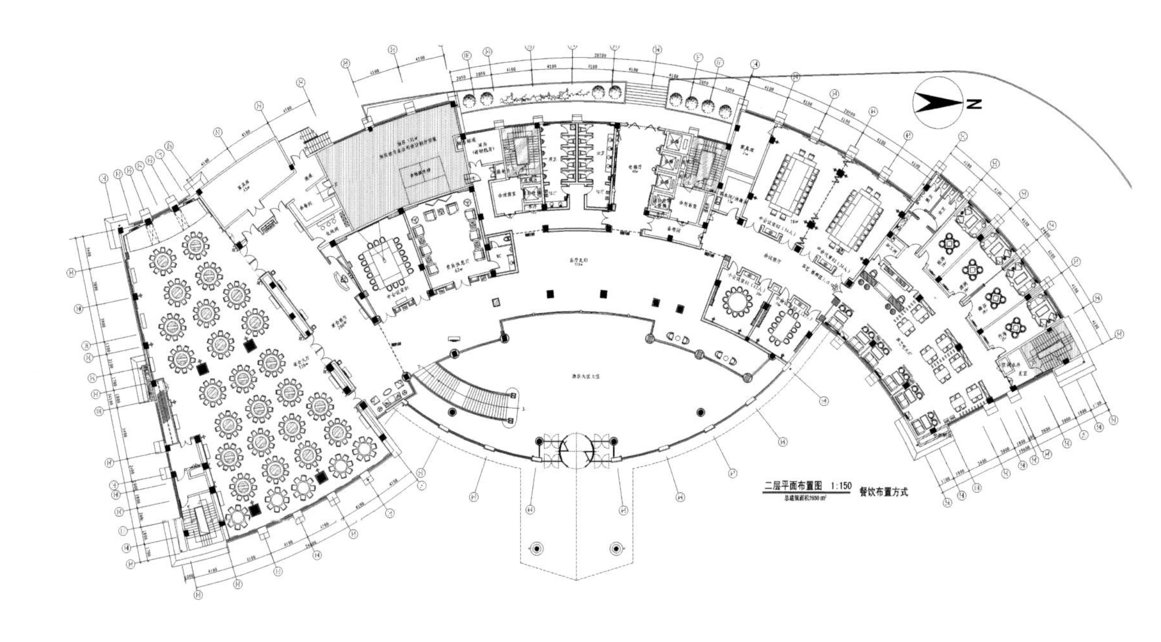

一层平面布置图

026/ 南城水库山庄

项目名称：南城水库山庄
项目地点：辽宁省铁岭市
项目面积：6800平方米
设 计 师：郑柏松

本案设计主要以低调的奢华为前提，现代中式为基本出发点，利用会所的多元话定位为依托。在设计环境上依山傍水，山清水秀，位于水库山庄东侧，集垂钓、酒店、茶馆、野味为一体。

项目利用了地理位置的优势，位于梯度坡上，节省了更多的结构空间。在主材的选择上，主要以生态、低碳、环保为主，木作、文化石、金属帘的有机生动结合，给人以更生动的视觉盛宴。

同飲龍井一壺茶

大明古酒
女兒紅

027/ 君澜别墅酒店

项目名称：海南香水湾君澜别墅酒店山景房
项目地点：海南省三亚市
项目面积：372平方米
设 计 师：陈亨寰

海南香水君澜度假别墅，是大匀国际空间设计在金达利地产开发下，联合建言建筑、翰翔景观共同完成的一大巨作，也是年度的一大代表作。坐拥海南独有的地理优势，把握时代精神，同时舒展文化脉络。在温润的海南，我们精心打造了一个中国人自己的东南亚度假胜地。

低调、质朴、禅定的杭派美学，逃离城市喧嚣，回归自然，营造出中国人诗意、隐匿的居室环境。以墙院围出别墅院落，保证院落空间高度和私密性；多层次的观景空间及生活轴线，让人体验静谧、尊贵的雅士格调。

首先进入开放式餐厅，左手边开敞式面墙将客厅和户外绿色植物融贯，感受自然气息。依据海南的气候和户外的关系，每一处场景都和自然交叠。在空间序列上，采用没有围墙的开放式设计。阳光、风、雨、日式*spa*。空间上的穿透、主轴层次、四面环绕的景色在视角的转换中得到多样化体现。

海南黑洞石凸显地域性，本地取材，填洞式处理方式。中国传统家具用材鸡翅木，体现中国文化历史的源远流长。这是给中国人的度假空间，力图打造成“东方的东南亚度假胜地”，整体设计和配饰用料，采用丝、麻、实木、编织席面、缎面抱枕，麻质壁纸。内敛而不失优雅大气，集中演绎中国传统文化和现代休闲居住理念。

3112

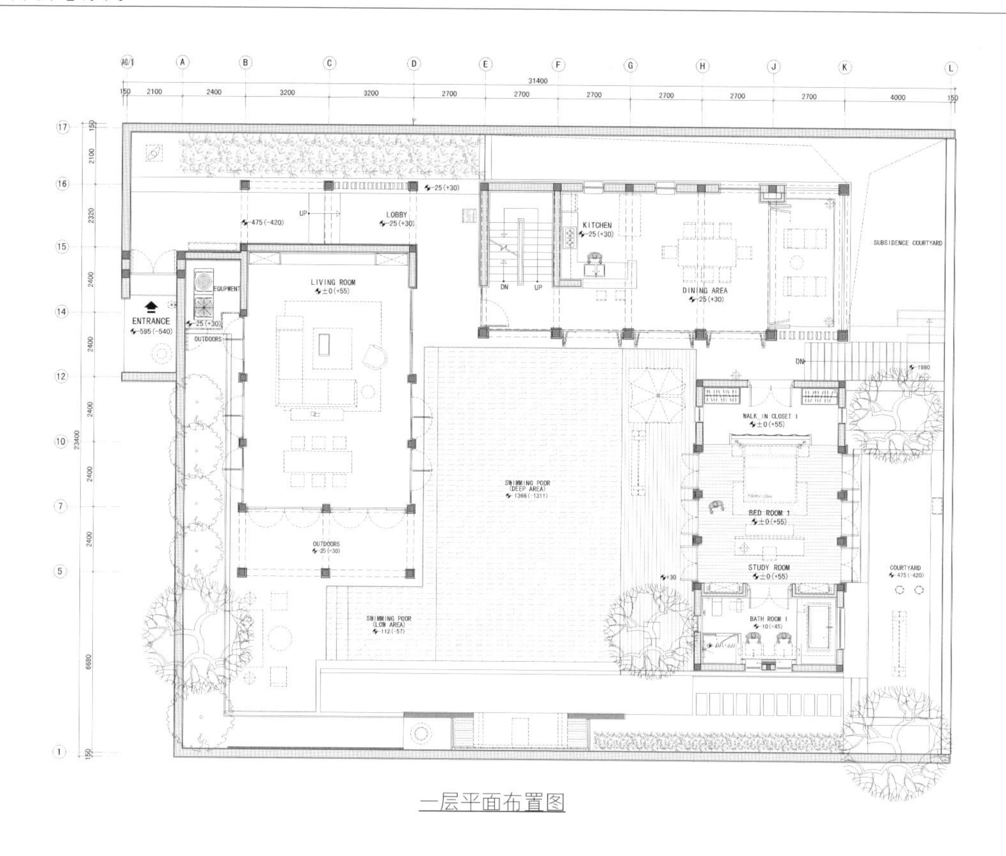
ENTRANCE
EQUIPMENT
OUTDOORS
LOBBY
LIVING ROOM
KITCHEN
DINING AREA
SUBSIDENCE COURTYARD
WALK IN CLOSET 1
BED ROOM 1
STUDY ROOM
BATH ROOM 1
COURTYARD
SWIMMING POOR (DEEP AREA)
SWIMMING POOR (LOW AREA)
UP
DN
31400
23400

一层平面布置图

028/ 御庭德钦精品酒店

项目名称：中信资本御庭德钦精品酒店
项目地点：云南省迪庆藏族自治州
项目面积：3820平方米
设计单位：HBA酒店设计公司

中信资本御庭德钦精品酒店坐落于海拔3400米的高山林区中，这家五星级度假酒店将异域风情的泰式气息融人云南迪庆藏族自治州德钦县的壮丽梅里雪山胜景之中。

酒店的客房和别墅装饰一新，将泰式气息与云南少数民族文化的韵味完美融合。抛光硬木地板配置地暖系统，雕花实木屏风古色古香，藏式地毯别具风情，为摩登的内饰增添了几许异域设计情调。

莲轩餐厅是德钦的首家泰式餐厅。客人在此既可品味原汁原味的泰式佳肴、非凡的云南地方风味和西式美食，亦可欣赏动人心魄的高山美景。如意轩（*Yi Palace*）是一家私人美食餐厅，其菜品包括中国和云南地方美食，餐厅设有三个贵宾包厢，客人在品味美食的同时，亦可欣赏梅里雪山景致。

距中信资本御庭德钦精品酒店最近的机场是德钦香格里拉机场，一小时即可直达昆明。从香格里拉出发，客人踏上风光旖旎的旅途，一路前行约3小时，穿越摄人心魄的西藏山麓，即可抵达酒店。这儿也是旅游观光的绝佳去处，附近有许多知名景点，包括梅里雪山、雨崩村、飞来寺和明永冰川。

ValleyBar

029/ 御庭精品酒店·南京

项目名称：南京秦淮河御庭精品酒店
项目地点：江苏省南京市
项目面积：3072平方米
设计单位：HBA酒店设计公司

南京秦淮河御庭精品酒店依傍在桨声灯影点缀的秦淮河畔，是南京市中心难得的以休闲度假主打的精品酒店。酒店室内装修风格延续了御庭一贯的泰式韵味，但建筑采用的青砖黛瓦，这种年代感与隔岸的明城墙分外相得益彰，给人以神秘而又古朴的时空交错感。

酒店的设计，几乎就是围绕“水与城墙”的先天环境而展开的。外观就像是千百个古建筑中的又一个，洗尽繁华呈现素姿，没有丝毫张扬与华丽之气。

分布在主楼三楼以上的客房，几乎都是用了大开窗将整个河岸风光纳入视野之中。布置以泰式风格为特色，多用绿色与紫色调装饰，同时结合中国民国建筑风格，配以中式木质家具，房间整体布置时尚、温馨。

酒店主楼两侧各有一片联排式套房，石板巷道花团锦簇，曲径通幽，独门独户的别院散发出古色古香的气息，套房窗口面向秦淮河及明城墙，临近窗口设有豪华河景泡汤池，让客人在泡澡的同时，更可感受秦淮河的旖旎风光及古城墙的历史沧桑；御庭酒店集团引以为豪的水疗品牌，倍受众多水疗爱好者的追捧。5间SPA别墅依秦淮河而建，SPA所选用的产品与技法都是纯正的泰式特色。优雅的新中式家具和紫色帷幔，将每一个房间都装点出一派东南亚风情，泰式茶具和精油瓶等更从细微之处显现出安缇缦SPA的风格。

Lotus

030/ 御庭精品酒店·苏州

项目名称：苏州李公堤御庭精品酒店
项目地点：江苏省苏州市
项目面积：3820平方米
设计单位：HBA酒店设计公司

苏州李公堤御庭精品酒店是苏州首家具有泰国风情的水疗度假精品酒店，坐落在苏州著名的商业街李公堤之上。酒店的环境设计将中国江南水乡的浪漫与东南亚休闲度假之风完美结合，被誉为“中国的马尔代夫”。建筑主体在汲取江南粉墙黛瓦的秀美风情之余，亦不乏现代简约气质。而室内陈设选用色调深沉、质感纯净的新中式家具，塑造返璞归真的度假氛围。富有异国情调的植物花园和僻静的荷花池，都充满浓郁的自然意趣，而宁静辽阔的金鸡湖湖景则成为酒店最佳的幕布，特别的地理位置及景观都被充分应用于整体窗景设计之中。

安缇缦水疗是御庭酒店集团引以为豪的水疗品牌，倍受众多水疗爱好者的追捧。5间独立的SPA房，坐落在金鸡湖之上，270度玻璃窗可无遮挡欣赏开阔湖景，每天迎接着金鸡湖的晨昏光影。优雅的新中式家具和紫色帷幔，营造出了私密而惬意的东南亚风情，这里也被很多客人评为中国最美的SPA。在金鸡湖边的御庭宁静、私密，是喧闹城市中难得的一片净土。

031/ 汤山御庭精品酒店

项目名称：南京汤山御庭精品酒店
项目地点：江苏省南京市
项目面积：5320平方米
设计单位：HBA酒店设计公司

南京汤山御庭精品酒店是华东地区首家能享受私密温泉服务的度假酒店，位于素有南京东大门之称的江南古镇汤山。酒店坐落于山谷之间，远离城市喧嚣，山涧幽谷，是盛夏避暑、冬日泡温泉的理想旅游度假之地。

酒店所在的汤山国际旅游度假区，距汤山中心城区仅1公里，地理位置优越，经由沪宁高速连接，已经形成了与苏南主要城市3小时以内的快速交通网。100套客房营造出具有现代风情的人居环境，力求实现人与自然的互动。其中24间为连体别墅，大多数客房配备独立温泉泡池，24小时享受私密、纯净的汤山温泉。

以现代设计与传统泰式元素为线索，南京汤山御庭精品酒店的氛围令人宛若置身于神秘的泰国，大堂的三盏莲灯、一株菩提、神色各异的佛像，一一透现出清心素雅的东南亚佛文化。酒店内，木、竹、藤等元素自然流转于砖墙门楣，特质的砂岩佛手捧烛台，在一丝一缕中绽放出精油的芳香，使世人的心境得以安然。

御庭是华东首家推出私密温泉概念的精品酒店，也是唯一能让客人在开展水疗体验前享受私人温泉的高端酒店。汤山温泉素有中国四大温泉之首的美誉，它来自地底下约2千米处，水温常年保持在约55-60度，且冬夏温度相差不大，水质清澈，含多重矿物质。酒店将温泉水引入部分客房内，让客人享受独特的私密温泉。热乎乎的温泉水从青石板出水口流出，犹如一股山涧清泉。每个温泉池另加设有冷、热开关，供客人调节适合自己的水温。

032/ 铂尔曼度假酒店

项目名称：云南丽江铂尔曼度假酒店
项目地点：云南省丽江市
项目面积：133716.6平方米
设计单位：香港郑中设计事务所

丽江铂尔曼度假酒店紧靠束河古镇，将连绵的玉龙雪山美景尽收眼底，建筑设计灵感来源主要是丽江古城的纳西传统建筑，建筑元素都一一来自丽江古城的城市建设及民居的建筑风格。

水系穿插的规划布局：酒店被环绕的沟渠和中心湖连成一片，布局与丽江古城的街巷与水的布局相呼应。无论公共设施还是别墅区域，全部采用了本地建筑的风格。包括青瓦的屋脊、屋梁下的悬鱼、别墅三坊一照壁的房屋结构、以及大堂、会议和水疗区大量圆柱的使用。景观中最突出的中心湖（茶花湖）上的凯旋塔的灵感是来自于四方街的科贡坊。酒店有广场，但却非四方街的拷贝版本。主要考虑了举办各类活动的功能性需求以及景观的融合和中心湖相连并遥看玉龙雪山。

酒店的整体色调没有采用纳西建筑的泥黄和白的色调，而是采用了水墨画情景的素白和青灰色调，使整个酒店的视觉效果在和周围环境融合的同时，凸现出其低调奢华的一面。

033/ 宁波柏悦酒店

项目名称：宁波柏悦酒店
项目地点：浙江省宁波市
项目面积：91288平方米
设 计 师：Sylvia Chang（美籍华裔女设计师）

宁波柏悦酒店以中国传统江南水乡为设计风格，与绝妙湖景相互映衬，低矮的独栋宅邸依山势连绵排开，小桥流水穿插其间，简约的灰墙沙瓦与白色的三角山墙屋顶错落起伏，宛如时光雕琢而成的天然村落。多重庭院和天井之间，点缀以柔美的园林水榭，充分印证了中国传统的建筑理念：将独立的建筑融和到整体的氛围里，构建富有整体的景观，引领宾客逐步游访，在每个转身处均能感触到新的空间、层次和气氛。

酒店主入口处以若干尊青铜鲤鱼雕塑迎宾，将宾客领至引人瞩目的瓦檐门道，两旁以独特的木格屏风予以装饰。由沿桥薄雾迷蒙的火炬指引，信步穿越一片以水蜡树、紫竹林和日本枫树巧妙布置的后现代风格园林，宾客便到达酒店的主入口处。

随着高达六米的双扇木门徐徐开启，入眼即是环绕着池中庭院和室外泳池的瑰丽湖景。水是宁波柏悦酒店一再出现的主题，以水元素为主题的众多景观均完美融入酒店的整体氛围，几乎处处都能领略到不同角度的湖景。酒店正门左侧设有古典风格浓烈的浅水池，池间躺卧着栩栩如生的铜制山峦雕塑，池对面即是高抵梁顶的佛像浮雕群。

酒店的公共以及私人区域均含蓄地摆设着精美艺术收藏品，以细致烘托出富有中国江南韵味的层叠空间。墙壁装饰以丝绸画、砖雕、书法艺术以及极富当地建筑风景的众多名家摄影作品为主，同时酒店别出心裁地以渔夫帽笠、巨型酒樽、碾米石磨以及各种古朴木具等本地传统特色物件，唤起了宾客心中对这片幽静水乡的浓郁感受。

由觀察而統大軍允文允武

034/ 世贸万锦酒店

项目名称：吉林世贸万锦酒店
项目地点：吉林省吉林市
项目面积：50000 平方米
设 计 师：孙洪涛

本案位于吉林市世贸广场，紧邻松花江岸,是当地的一座新的地标性建筑。

酒店定位是超五星级豪华商务酒店。酒店内部设计以中西新古典文化融合，传统与现代的融合为本设计的核心。“融合”是思想的碰撞，新潮元素与传统元素的融合，东方与西方的文化的融合，通常这种手法都会强调两种特质的冲突与对比，具体体现在材料的精心选用，适度空间的比例，以及灯光氛围的营造。在本案设计中，混搭却尤其微妙，体现在酒店的每个细节中，以及各个空间中。表达了“融合”是“跨界”的，文化是“大同”的。

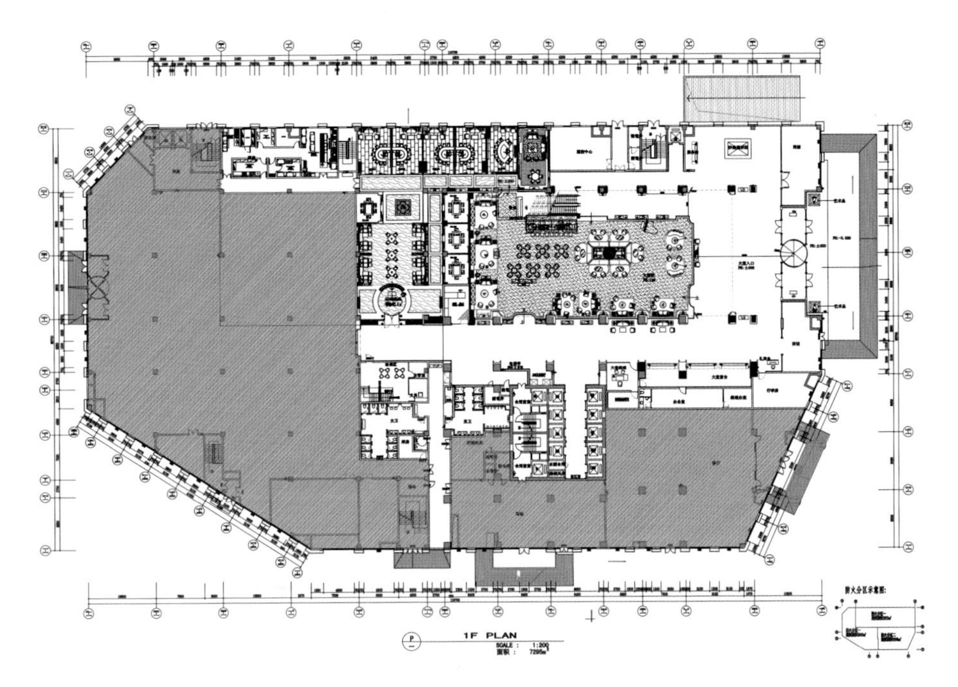

一层总平面布置图